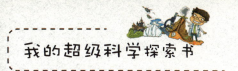

我的超级科学探索书

U0621986

生物进化之谜

纸上魔方◎编写

北方妇女儿童出版社

图书在版编目(CIP)数据

生物进化之谜 / 纸上魔方编写. -- 长春：北方妇女儿童出版社，2013.1（2019.4重印）
（我的超级科学探索书）
ISBN 978-7-5385-7169-1

Ⅰ．①生… Ⅱ．①纸… Ⅲ．①生物－进化－青年读物②生物－进化－少年读物 Ⅳ．①Q11-49

中国版本图书馆CIP数据核字(2012)第285734号

生物进化之谜

出 版 人	李文学
策 划 人	师晓晖
编　　写	纸上魔方
责任编辑	张 力
开　　本	170mm×240mm　　1/16
印　　张	8
字　　数	120千
版　　次	2013年1月第1版
印　　次	2019年4月第3次印刷
出　　版	北方妇女儿童出版社
发　　行	北方妇女儿童出版社
地　　址	吉林省长春市人民大街4646号
	邮编：130021
电　　话	编辑部：0431-86037964
	发行部：0431-85640624
网　　址	http://www.bfes.com
印　　刷	天津海德伟业印务有限公司

ISBN 978-7-5385-7169-1　　　　　　定价：23.80元

目录

什么是生物

　　小朋友们，你们知道什么是生物吗？地球上的小动物是生物吗？我们身边的小花小草是生物吗？现在，就让我们一起进入生物的世界吧！

　　生物，简单来说就是有生命的个体。那小朋友们要说我们也是生命啊，那也属于生物。答对了，地球上的人类、动物和植物都是有生命的个体，也都是生物。

那么，生命又是从哪里来的呢？关于生命的起源，历史上提出了很多的假说。"神创说"认为生命是由上帝或者神创造的，像在我们中国的历史中就有着女娲造人的传说。"自然发生说"则认为生命尤其是简单生命是由无生命物质自然发生的。不过这些都是臆测，随着科学技术的发展，已经被人们否决了。在近些年召开的国际生命起源学术会议中，可以将关于生命起源的假说分为两大类。

　　一类就是"化学进化论"，另一类是"宇宙胚种说"。化学进化论是主张生命起源于原始地球条件下从无机到有机，从简单到复杂的过程。关于化学进化论，在1922年，生物化学家奥巴林第一个提出了一种可以验证的假说，那就是原始地球上的某些有机物在闪电、太阳光等的作用下，变成了第一批有机分子。而宇宙胚种说认为地球上最初的生命是来自宇宙空间的，只不过后来在地球上发展起来了。这两种假说都有最重要的组成部分——生物。自然界是我们人类赖以生存和发展的基本条件，而自然界就是由生物和非生物的物质和能量组成的。生物是有生命特征的有机体，而非生物则是没有生命的物质和能量。最重要的生命特征就是生物进行新陈代谢以及遗传的过程，那么也可以说新陈代

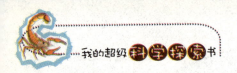

谢是生物和非生物最本质的区别。现在生活在我们地球上的生物除了约60多亿的人类之外，还有约30多万种植物和约150多万种动物。这些种类繁多的生物共同维持了自然界的和谐发展。

生物具有什么基本特征吗？首先当然就是具有新陈代谢的作用了。接着就是生物还能够对外界的刺激作出反应，植物的反应不是很明显，但是像含羞草等植物就很特殊了。此外，生物还能够成长、繁殖和发育，具有遗传和变异的特征，能够适应环境和改变环境。而构成生物体的基本结构就是细胞，离开了细胞，生命就无法存在。细胞是由细胞膜、细胞核和细胞质这三个基本结构组成。

　　有的小朋友会问，鸡蛋是生物吗？鸡蛋可以孵出小鸡，大概是生物吧？不管鸡蛋能不能孵出小鸡，都不是生物，而是一种多细胞生物的细胞和衍生物。这是因为鸡蛋不具备独立代谢和遗传的功能。曾经，考古学家们在马王堆出土了一颗种子，在两千多年后仍然进行着微弱的生命活动。虽然这颗种子有着生命活动，但是却不属于生物，只是具备成为生物的条件。

　　在这个世界上，还有着很多奇异的生物。声波鱼，体积很小，身黄，这种奇特的微生物是以吸收脑电波为食的。肉灵芝，一种古老稀有的物种，是目前所发现的除了动物、植物、微生物之外的一种生物。石头鱼，躲在海底或者岩礁之下，将自己伪装成一块

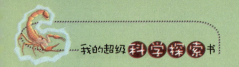

不起眼的石头。死亡之虫，出没在茫茫的沙漠戈壁中，这种血红色的虫子的眼睛能够释放出强电流，将猎物迅速击毙。这些千奇百怪的生物也都是属于神奇的大自然，让生活的世界更加奇妙多彩。

　　小朋友们，你们现在可以判断自己身边的生物和非生物了吗？

你知道吗?

女娲造人的传说

继盘古开天辟地之后,女娲也来到了人间。她四处看啊,走啊,虽然身边有鸟儿在鸣叫,有鱼儿在嬉戏,但是心里却说不出的孤寂。突然,她恍然大悟:哎呀,原来我是因为没有同伴而寂寞啊。于是,女娲就在池塘边挖了一些土,和着水,有模有样地捏起来。她比照着自己的样子,给他们造了五官七窍和双手双足。当女娲把他们放到地上,他们便欢欢喜喜地动了起来。这可把女娲高兴坏了,她决定多造些人出来。做得累了,她便把藤蔓沾满泥浆向地上挥洒。泥浆也仿佛有神力似的,很快变幻成了一个个的小人模样。

你知道吗?

高级动物的人类

什么是高级动物?高级动物就是指能够制造工具,有语言,有逻辑思维,拥有创造万物的能力的动物。既属于哺乳动物又属于脊椎动物的人类是动物中进化得最为成功的物种。

生物是怎么分类的

　　小朋友们知道了什么是生物，那么知不知道生物是如何分类的呢？如果不知道的话，那我们现在就去了解一下吧。

　　我们已经知道了人和动物、植物都是生物，那么也许有人会说生物的分类不就是动物和植物吗？因为人类是高级动物，自然是要归属到动物的类别里去了，那么就只有两种分类了。这种观点是错误的，这只是我们肉眼能够看到的生物，在这个世界上还存在着很多我们肉眼看不到的生物呢。

　　生物的分类有着专门的学科，也就是生物分类学，这门学科是专门研究生物分类的方法和原理的。其实，人类在很早以前就

能够识别物种了，例如汉代的《尔雅》就把动物分为了虫、鱼、鸟、兽，这是中国最早的动物分类。而在西方，古希腊的哲学家亚里士多德最早对物种进行区别，他将热血动物与冷血动物区别开来。

近代的生物分类是从瑞典植物学家林奈开始的。林奈将生物分为了动物界和生物界，也就是最早的"双界系统"。不过，后来德国的黑格提出了"三界系统"，在原来的双界上面增加了原生生物界。什么是原生生物界呢？黑格是将原来被归属到植物界的一些简单模糊的生物，比如说细菌和微生物等都分到了第三界。随着生物化学技术的发展和电子显微镜的发明，生物学家们对生物分类有了更多的认识。在1969年，康奈尔大学的魏泰克又提出了"五界系统"，将生物分为原核生物界、原生生物界、植物界、菌物界和动物界。到了20世纪晚期的时候，伊利诺大学的伍斯考虑了生物的细胞构造和营养方式，提出了

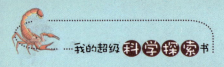

细菌　　　　　植物　　　蘑菇

"六界系统"。"六界系统"是将原核生物界分为了真细菌界和古细菌界。

在生物里面，分类学的最高级别是域，在伍斯发现细菌和古细菌应分为两域之前时，所有的生物都是分为两域，一个就是没有细胞核的生物，这一类属于原核生物域，另一类就是真核生物域。原核生物是指一些低等生物，这些低等生物一般都是由无细胞核的细胞组成的单细胞或者多细胞。而真核生物包括动物、植物、真菌和被归入到原生生物的单细胞生物，它是所有单细胞或多细胞，具有细胞核的细胞的总称。

小朋友们，生物有自己的基本单位，你们知道是什么吗？生物的基本单位是"种"，但是在种之下还有"亚种"。生物分类也有着自己的级别，七个主要的级别就是种、属、科、目、纲、门、界。看起来很复杂的级别之分，只要你弄清楚了每一种生物的级别

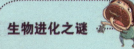

猪　　　　　　　鱼　　　　　　　昆虫

就能够明白这其中的道理了。例如，动
物界就属于"界"这个级别了，脊
索动物门就属于"门"这个
级别，同样的猫科是属于
"科"这个级别的。

　　现在，小朋友
们，你们可以对自
己身边的生物进行
分类了吗?

生物进化的总趋势

小朋友们，你们知道吗？今天的人类在最早的时候并不是这个样子的，人类最开始是猿类，在开始直立行走之后就是猿人，进化到最后就是我们今天的人类了。同样的，你绝对不会想到在天上飞的小鸟最开始是如今早已在地球上消失的恐龙。恐龙经过了进化后变成了始祖鸟，

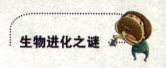

最后又变成了小鸟。是不是很神奇呢？不过，你们想知道生物是怎样进化的吗？

生物进化的总趋势是从简单到复杂，从低等到高等，从水生到陆生。看起来，生物在异变的过程是呈现一个良好的趋势的，小朋友们想过这当中的原因吗？其实这就是自然选择的结果。不要惊讶，自然在改变自身环境的过程中，将不适应的那一部分给淘汰掉了，这就是一个选择的过程。

自然选择学说可不是空口无凭的哦，而是来自于英国的生物学家查尔斯·罗伯特·达尔文。达尔文是进化论的奠基人，他的《物种起源》一书中叙述了两个问题：第一、物种是可变的，生物是进化的；第二、自然选择是生物进化的动力。自然选择学说也包括过度繁殖、生存斗争、遗传和变异、适者生存，这些都是物种发生变

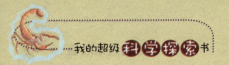

异的解释。很多生物的繁殖能力都很强，但是自然界的空间和食物是有限的，这就必然有一部分要在弱肉强食的环境中被淘汰，也就是为了生存而斗争。自然环境发生理论改变，为了适应这个变化，很多生物就发生了异变，它们的后代中具有良好变异条件的生物就是自然选择的结果，最后就是"物竞天择，适者生存"了。

在达尔文的进化论出现之前，很长一段时间，人们并不承认物种变异这一说，代表理论就有不变论。除了不变论之外，还有西方的特创论。特创论是中世纪西方的基督教提出的，它的一个经典理论就是："猫被创造出来就是为了吃老鼠的，老鼠创造出来就是为了给猫吃的，而整个自然界被创造出来就是为了证明造物者的智慧的。"这句话很明显地否

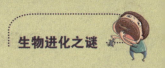
认了物种的变化，而将一切生物归结于自然的力量。可见，生物的进化过程是逐步被人们认识的。小朋友们，你们现在知道了吗？并不是所有的生物在一开始就是现在这样的。

在这里也要给小朋友们讲一个物种变异的例子。不知道小朋友们有没有见过七条腿的青蛙？不要惊讶，它真的存在哦！1995年的一个夏天，美国明尼苏达州的八个中学生在对湿地生态状况进行考

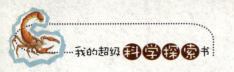

察的过程中发现了很多畸形的青蛙。这些青蛙都有着五条腿甚至七条腿，随后污染治理的负责人员又进行了一次调查，发现有的青蛙只有一条腿甚至没有腿。这些奇怪的青蛙就是因为环境被污染而发生了变异，这个变异的过程就是畸形的、不正常的，可见保护自然的重要性。

神奇的变色龙

在大森林里面，有一种生物是很难被发现的，那就是变色龙。因为变色龙会根据周围的环境来改变自己身上的颜色，很多时候，它都与身边的环境浑然一体。变色龙的学名叫作避役，也就是逃避需要出力的事情。变色龙可以改变颜色，这就使得它捕捉食物毫不费力。不过变色龙会变色是什么道理呢？这是通过在植物性神经系统的调控下，通过皮肤里面色素细胞的扩展或者收缩来完成的。是不是很神奇呢？

恐龙的消失

约6500万年前，一颗陨石撞上了地球。这颗宽度约16公里的陨石给地球造成了巨大的灾难。三分之二的物种就是在那个时候消失的，如今只剩下化石的恐龙也在那个时候灭绝了。同时，爬行动物的黄金时代也宣告结束，原始类的哺乳动物逃开了灾难存活下来，并且在发生变化的环境里面产生了变异。

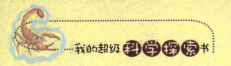

地球上最先诞生的生命

在我们居住的这个浅蓝色的星球上有着十几万种微生物，三十多万种植物，一百多万种动物。如此多的生物让人感慨自然界的丰富多彩。小朋友们，你们知道地球上最先诞生的生命是什么吗？答案可不是人类哦！

我们先来看看我们的地球母亲是如何诞生的吧。大约在50亿年前，出现了原始的太阳系，那个时候的宇宙还是一团弥漫着的气体尘埃云。到47亿年前的时候，这些气体尘埃云中的一部分凝聚形成了最初的地球。刚诞生没多久的地球十分荒凉寒冷，更不用说有生命存在了。

生命是在什么时候悄悄孕育出来的呢？尽管原始的星云物质是冷的，但后来地球曾经历过一个高温时期，至少局部物质处

于热的熔融状态，大约36亿年前的时候，地球上的温度渐渐降低，海水的温度也降到了80℃，这个时候，原始生命开始悄悄孕育了。这个最早的生命其实是一个细胞，它是一个有生命的细胞。难以想象的是，正是从这个小小的细胞开始孕育，渐渐形成了今天这个多姿多彩的自然界。

　　原始生命是怎样诞生的呢？也就是那个小细胞的来源是什么呢？其实，还是离不开原始大气。据推测，

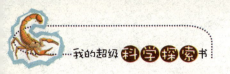

原始大气中的主要成分就是一氧化碳、二氧化碳、甲烷、水蒸气和氨气。当然，这些简单的气体分子想变成生物分子可不是那么容易的哦，这需要它们合成为复杂的物质。因为地球上的一些能量使得大气分子能够得以合成复杂的生物分子。这些能量来自于紫外线、闪电和火山等等。

地球在38亿年前才形成了稳定的陆地块，在那之前，地球还是水的世界。那么在海洋里面，最早诞生的生命是什么呢？答案就是珊瑚。珊瑚在约5亿年前就出现了，是地球上最古老的海洋生物。是不是很多小朋友认为珊瑚是一种植物呢？其实珊瑚可不是植物哦，而是一种动物，珊瑚是由无数个特别微小的珊瑚虫聚集而形成的。

我们人类出现的时间相比较而言要晚得多。我们知道人类是由猿类进化而来的。那么地球上最早出现的猿类是什么呢？目前已知的就是出现在3500万～3000万年前的时候的原始古猿——原上猿，

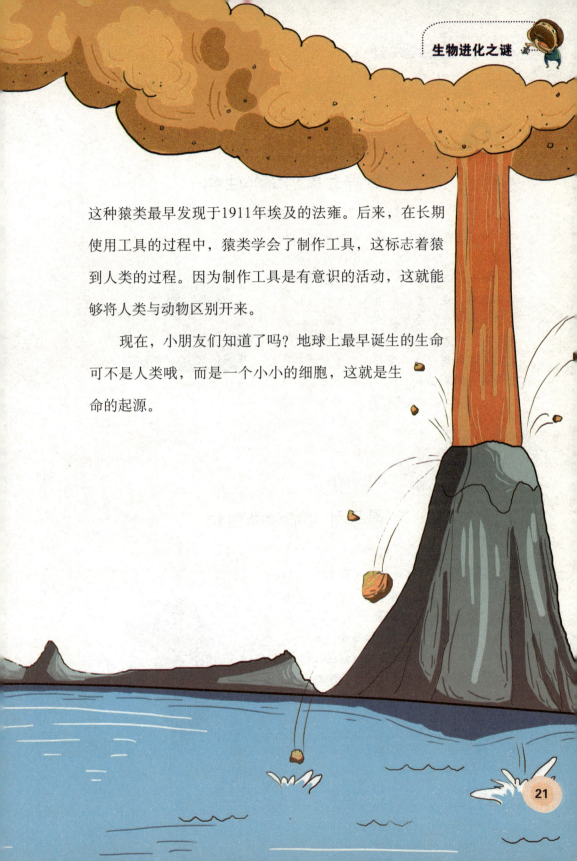

这种猿类最早发现于1911年埃及的法雍。后来，在长期使用工具的过程中，猿类学会了制作工具，这标志着猿到人类的过程。因为制作工具是有意识的活动，这就能够将人类与动物区别开来。

现在，小朋友们知道了吗？地球上最早诞生的生命可不是人类哦，而是一个小小的细胞，这就是生命的起源。

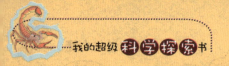

你知道吗?

世界上最恐怖的生物

世界上最恐怖的生物可不是老虎、狮子、大象、恐龙之类具有巨大攻击力的动物哦。相反，正是那些人们用肉眼无法看到的微生物才是世界上最恐怖的生物。因为微生物繁殖能力相当强，几乎是无孔不入的，而且它强大的破坏力几乎能够超越人类的想象。不管是什么东西，都会被微生物腐蚀掉。

你知道吗?

最早登上陆地的生物

最初地球上的陆地还是一片荒芜，到处都是岩石，没有任何生命的迹象。而最早从海洋"搬家"到陆地的就是草履虫了，这是一种单细胞动物，身体很小，呈现一种圆筒形。而最早到达地球的植物却比我们想象的早得多。最早的苔藓类的陆地植物出现在7亿年前，最早的地衣式陆地植物则要追溯到13亿年前。

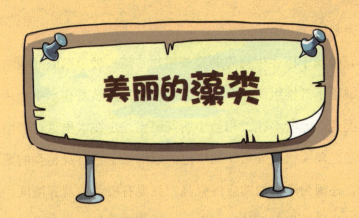

美丽的藻类

谈到了生物就不能不提海洋，美丽的海洋里面生活着成千上万种生物，构成了多姿多彩的海洋世界。谈到了海洋，就不能不说美丽的藻类植物了。小朋友们，让我们一起去了解一下海洋里面美丽

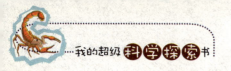

的藻类吧！

　　藻类属于原生生物界的真核生物，是一种单细胞的植物，也有的是缺乏了纤维组织的多细胞低等植物。虽然是在水中生活的，但是藻类几乎无所不在。相信小朋友们也一定在水里见过美丽的藻类植物了。藻类植物分布如此广泛的原因除了它自身超强的繁殖能力之外，还因为藻类的适应性很强，只要有极低的营养浓度、极微弱的光照强度和相对较低的温度，藻类就可以生存。所以，无论是在江河、海洋还是湖泊，甚至在小小的水洼或是较为潮湿的地方，都能够找到藻类的踪迹。

　　藻类没有真正的根、叶、茎，那么藻类可以称作植物吗？实际上，很多专家还是将藻类归入植物或植物样生物。藻类的构造很简

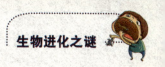

单，就是一个叶，但是叶状体的藻类却可以进行光合作用。提到藻类的光合作用就不能不说藻类对于我们地球的重要性，这种无处不在的单细胞植物吸收二氧化碳，放出氧气，浮游植物每年制造的氧气达到了360亿吨，而藻类占据了浮游植物的60%，可以想象如果没有藻类的话，我们将很难生存。

除了能够进行光合作用之外，藻类植物对于人类还有着巨大的经济价值，因为藻类可以作为食物来食用，像小朋友们经常在家里吃的海带和紫菜都属于藻类植物！有的藻类还有药用价值，能够用来治疗一些疾病。同时，

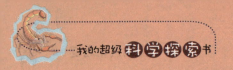

生长在湿润的土壤里面的藻类还能够积累土壤的有机含量，增加土壤的含氧量。

小朋友们知道世界上有多少种藻类吗？藻类植物一共约有2100属，种类达到了27000种。如果按照色素含量的多少、细胞构造的不同和生殖方法的不同，可以将藻类植物分为绿藻门、裸藻门、轮藻门、金藻门、黄藻门、硅藻门、甲藻门、蓝藻门、褐藻门和红藻门。

在这里，还要给大家介绍两种特殊的藻类，因为它们生活的空间与其他的藻类相比大为不同。藻类植物一般分为浮游藻类、漂浮藻类、底栖藻类，这些藻类多分布于水里和湿润的土壤里面。但是，在热带和亚热带的红树林里生存着一些藻类，如卷枝藻，它生长在树木的根部和树干基部上。另外，在热带的海洋里，还有大量的仙掌藻属植物，它生长在珊瑚礁上面。

小朋友们，你们现在了解美丽的藻类植物了吗？不要忘记，日常生活中，我们的很多食物都属于藻类，它们都蕴含着丰富的营养价值哦！

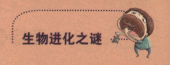

原来这是苔藓

　　小朋友们，你们有没有注意到，在家里潮湿的地方，如果不清理的话，就会长出一层绿色的植物，这些绿色的植物没有根部，就直接附在了潮湿的地面。你们知道这种绿色的植物是什么吗？让我告诉你们吧，这个就是苔藓。

　　苔藓植物喜欢在潮湿的地方生长，但是它还需要一定的光照条件，光照也不适宜过强，必须是一定的散射光线或者是半阴的环境，空气的相对湿度必须保持在80%以上，温度也要在25℃以上，低于22℃苔藓植物就很难生存了。

　　必须要说的是，植物里面也是分等级的哦！苔藓植物属于植物里面的高等植物，却是最低等的高级植物。苔藓植物不需要依靠种子来繁殖，而只需要孢子来繁殖。苔藓植物本身也无花，构造相当简单。

　　小朋友们可能会觉得苔藓长在家里的阴暗角落，很不讨人喜欢，

因为要进行清理很麻烦。实际上，苔藓植物在自然界中起着相当重要的作用。很神奇的是，苔藓植物在成长的过程中会分泌出一种液体，这种液体会慢慢地溶解岩石的表面，加速岩石的分化，促进土壤的形成。生长在湖泊和沼泽的苔藓会逐渐衰老死亡，然后植物的遗体就会沉入到湖泊和沼泽里面，将湖泊和沼泽越抬越高，渐渐就把湖泊和沼泽的面积缩小了，这就有利于湖泊和沼泽形成陆地。

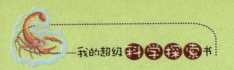

苔藓还有指示的作用呢，不少苔藓植物能够测试土壤的酸碱性。对于保持水土，苔藓植物也功不可没。有的苔藓还可以用来当作肥料和燃料，甚至于当作药用。

葫芦藓属是我们在日常生活中最常见的苔藓植物。不知道小朋友们认不认识这种植物呢？这种遍布全国各地的苔藓植物经常可以在田园、庭院、小路边上看到。高度约为2厘米，丛生，茎叶会分化，一般都会呈现卵形或者是舌形。让人惊诧的是，葫芦藓属为雌雄同体，而且分布在不同的枝上。黑藓，分布在中国的陕西、安徽和福建，在海拔1700米以上的高山岩石上分布着这些灰黑色或者是深褐色的植物。

小朋友们，你们知道自己看到的苔藓是哪一种类型吗？你们现在知道了要到哪里去找苔藓了吗？

你知道吗？

关于苔藓植物的起源

苔藓植物是从哪里来的？目前并没有一致的意见。有一部分人认为是来源于绿藻，因为它们有着相同的光合作用；都贮藏着淀粉；在生殖时所产生的游动精子，都具有两个同等长的顶生鞭毛。不过，也有部分人认为苔藓植物是从裸蕨类植物退化而来的。这两种观点都有待于进一步论证。

你知道吗？

奇特的苔藓植物

白发藓和大金发藓是生长在酸性土壤里的，墙藓是生长在碱性土壤里的。泥炭藓不仅含有大中型的贮水细胞，可以吸收高达本身重量20倍的水分，而且在晒干了之后还可以当燃料来发电，此外，有些种类的泥炭藓还能够做药泥，清热消肿，治疗皮肤病。

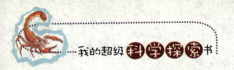

用处多多的蕨类植物

小朋友们，你们家里有没有种过蕨类植物呢？漂亮的蕨类植物生长起来会有很大一簇，放在家里做装饰会特别好看。那么，你们了解蕨类植物吗？你们知道蕨类植物有很多的用处吗？

现在就让我们去了解一下吧！

相信很多小朋友家里都会养植物吧，那是不是会经常给植物打药驱虫呢？不驱虫的话，植物很容易被虫子吃掉，然后死去。不过，细心的小朋友们会发现蕨类植物是一个例外，非常不容易生虫，这是

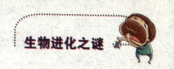

为什么呢？据英国的植物学家们调查，蕨类植物里含有一种有毒的物质，这种物质的味道相当苦涩。春天的时候，蕨类植物的茎叶鲜嫩，蛋白质的含量也很高，但是含量相当高的有毒物质使昆虫们望而却步。等到夏秋季节的时候，有毒物质虽然下降了，但是蕨类植物的叶子也都老了，昆虫们也不会去选择吃它了。

蕨类植物的分布很广泛，这种高等植物中较为低级的植物大都是草本，也有少数是木本的，除了海洋和沙漠，到处都能看到这种植被的踪迹，尤其是热带和亚热带分布尤为集中。地球上的蕨类植物有12000种左右，其中约有2600种是分布在中国的。云南是中国蕨类植被分布最多的省份，那里约有1400种蕨类植物。

说起来，蕨类植物的作用可是相当多的！蕨类植物的药用价值相当高，许多种类的蕨类植物都能够治疗疾病。蕨类植被也可以当作食物来吃哦，像小朋友们家里经常吃

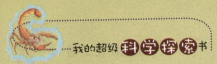

的蕨类植物有蕨菜，在幼嫩的时候采下来吃，相当可口。亚热带地区高大的草本类蕨类植物还可以用来做装饰品，编织出各种篮筐和斗笠。满江红这种蕨类植物主要生长在水田或者池塘里面，它是一种特别好的绿肥植物和饲料植物。

不同的蕨类植物必须在特定的环境下才能生存，而且蕨类植被的种类不同也可以反映出一个地区的气候变化状况。还有一点就是绿化和美化作

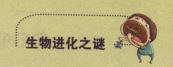

用。 不过蕨类植物可不是很好养活的哦！

　　想要自己种植蕨类植物的小朋友们注意了，蕨类植物很喜欢温暖和半阴的环境，特别害怕阳光和寒冷，此外种植蕨类植物的土壤也必须肥沃，排水性要好。满足了这些条件，才有可能种活蕨类植物哦！

　　小朋友们，蕨类植物的用处是不是很大呢？你也可以试着养一盆蕨类植物哦！

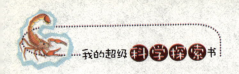

你知道吗?

蕨类植物的指示作用

　　石蕨、肿足蕨、粉背蕨、石韦、瓦韦等大都是生长在石灰岩或者是钙性的土壤上的。鳞毛蕨、复叶耳蕨、线蕨等则是生长在酸性土壤里面的。旱蕨、粉背蕨等耐旱性很强，而沼泽蕨、绒紫其却只能在湿润的沼泽里面生长。

你知道吗?

能治疗疾病的各种蕨类植物

　　很多的蕨类植物都可以用来治疗疾病。杉蔓石松就可以用来祛风湿，舒筋活血。节节草可以用来治化脓性骨髓炎。乌蕨可治菌痢、急性肠炎。还有长柄石韦可治急、慢性肾炎、肾盂肾炎等。大多生长在欧洲的绵马鳞毛蕨和其许多近亲种可治牛羊的肝蛭病等。

植物的顶端进化 ——种子植物

　　小朋友们在吃完葡萄之后，会不会把葡萄的籽种到土壤里面，然后等它再长出来呢？那么，小朋友们知不知道为什么葡萄籽种到土壤里面会重新长出来呢？让我告诉你们吧，因为葡萄是种子植物。

　　像动物一样，植物也是分等级的。在动物里面，最高的等级就是具有能动性的人类。那么在植物里面最高等的族群是什么呢？答案就是种子植物。植物进化到最顶端就是种子植物了。

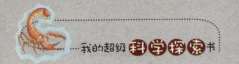

知道了种子植物是最高等的族群，那么怎样来判断种子植物呢？有一点相信大家已经知道了，那就是种子植物能够产生种子并且能够用种子来繁殖。种子植物的另一个特征就是种子植物体内有纤维组织，这种纤维组织就是韧皮部和木质部。

作为植物界最进化的种子植物，目前已经在世界各地分化出了20余万种，现有的种子植物分为裸子植物和被子植物两大类。

目前，通过种子来繁殖已经相当普遍了。不过药用植物的繁殖和非药用植物繁殖有着很明显的区别。药用植物的种子繁殖技术相当简单，而且繁殖系数很大，利于新品种的培育，常见的药用种子繁殖植物就有人参、黄连、当归等等。而非药用的种子繁殖植物也有很多，比如蒲公英、凤仙

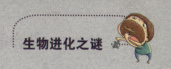

花等等。

种子繁殖有其优点和缺点。其优点是，通过种子来繁殖不仅方便，而且容易播种，只要撒下种子就可以了，而且一般种子植物对于环境的适应能力很强。缺点是，有些多年生的草本植物采用种子繁殖就会很晚开花结果，而且种子繁殖很容易出现后代变异的问题，不利于培养出优质的植物。而且种子植物不能用于繁殖自花不孕的植物和无籽的植物，如葡萄、柑橘和香蕉等等。

很多妈妈会在自己家里种菜，每年的春天，就在土壤里面撒下种子。这个时候，小朋友们可以参与进去哦，观察种子植物如何培植和生长，这个过程是相当有趣的呢！

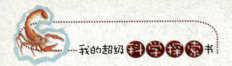

单细胞生物草履虫

在神秘的海洋里最先诞生了生命，最初的生命个体非常小，小到我们的肉眼根本看不见它们。我们人类有很多细胞，千千万万数不清楚的细胞，哪怕是一片叶子也有很多个细胞，但是

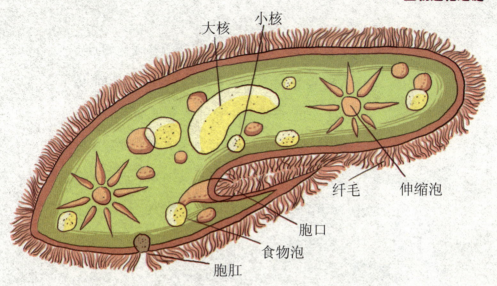

大核　小核

纤毛　伸缩泡

胞口

食物泡

胞肛

最初的生物只有一个细胞。现在我们讲到的草履虫就是这种原始生物之一，它只有一个细胞，因为它的样子很像草鞋，"履"就是鞋子的意思，所以我们叫它草履虫。

细胞是由细胞壁、细胞膜、细胞质、细胞核和细胞结构组成的。细胞壁就是在最外层包裹着细胞的透明薄膜，别看它很薄，却能够保护小小的细胞。细胞膜是贴在细胞内壁的一层膜，它也是非常薄的，它的空隙比较大，氧气分子能够通过，细胞要生长就要跟外界有交流，所以要依靠细胞膜来控制哪些分子可以进入细胞，哪些不能进入细胞。细胞质是细胞膜里面的物质，类似于人体内的器官，它们是透明而黏稠的，可以看见里面的颗粒，细胞质并不是一动不动的，它们慢慢地流动着，正是这种运动现象证明了

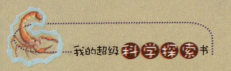

细胞是一个生命个体。细胞核要比细胞质还要黏稠一些，草履虫只有一个细胞核。细胞核里的染色体决定了细胞的性质，保存了不同生物的遗传特性，比如牛的细胞染色体决定了它是食草动物，而狮子则是食肉动物。细胞骨架是网状分布的，它促进了细胞的运动。

草履虫也是由细胞壁、细胞膜、细胞质、细胞核和细胞骨架构成的。它的生命非常短暂，只有24小时可以存活，在一朝一夕的时间里，它完成了进食、排泄、繁衍后代的任务，那么，它是怎么做到的呢？

草履虫只是一个细胞，那么小，哪有地方长嘴巴呢？原来，细胞壁的一边有一个沟，这个凹陷下去的沟被称作口沟，这就是草履虫吃饭的"嘴巴"。它的这个嘴巴跟我

们的可大不一样，草履虫的嘴巴里有很多纤毛，相当于我们的牙齿，纤毛摆动着就把草履虫可以吸收的物质扫进了体内，过滤了那些不能吸收的物质。当草履虫把营养吸收完后，这些食物残渣就通过它的"肛门"排泄出去了，草履虫的"肛门"叫作胞肛。

说完草履虫的进食和排泄，再来说一说它的繁殖吧，作为地球上最原始的单细胞生物，生命又只有24个小时，它一生中最重要的使命就是繁衍后代，只有充足的后代才能保证它的种族不会灭亡。草履虫是雌雄同体的物种，即在一个生命个体里雌性和雄性的特征都很明显，草履虫进行着有性繁殖，在草履虫进行繁殖的时候，它的细胞核就会分裂成一个大的，一个小

的，小的细胞核慢慢长大，同时大的细胞核就会慢慢消失，小的细胞核长大后就会再次分裂成一大一小，在循环往复的过程中进行着一代一代的繁衍生息，这就是草履虫的繁殖啦。

　　小朋友们可要记住这个长得像草鞋一样的单细胞生物草履虫，它的身世可不同寻常，在生物进化的过程中，生命体产生于原始的海洋，从无机物到有机物，然后诞生了单细胞的生命——草履虫。

生命短暂的水母

　　单细胞生物草履虫，它的寿命只有24小时，现在我们介绍到的腔肠动物水母，它的寿命是两个月左右。跟草履虫比起来，水母的生命要长得多，这是因为在生物进化的过程中，遵循着由低级向高级发展的趋势，由单细胞到多细胞的发展，由短暂的生命到稍微长一点的生命。想一想吧，两个月的时间还不够我们将一本语文课本学完；想一想吧，当我们在教室里读书的那两个

月，大海里的水母经历了由出生到死
亡的过程。

　　水母是腔肠动物，腔肠动物的主要特
征是大部分生活在海洋里，身体里有个空的囊，
长有触手且十分敏感。海葵、海蜇都是腔肠动物，它们只
有嘴巴没有肛门，消化系统是循环的，因此食物残渣是经过吸收
后，从口里排出体外的。

　　水母有好多种，我们根据它们的形状给它
们命名，发出银光的水母叫作银水母；长得像
僧人的帽子的水母，叫作僧帽水母；长得像帆船的水母，叫作帆水
　　母。各种不同的名字直观地体现了它们的外观，还有漂亮的
　　桃花水母、霞水母等等。

　　　在海洋里，水母一上一下地游动着，特

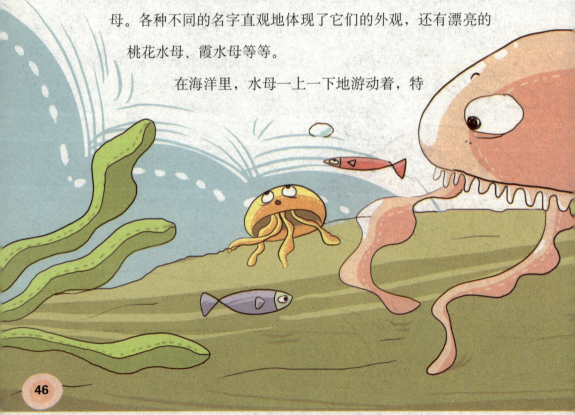

别漂亮，水母的种类有200多种，它们的身体主要是水构成的，那么，它为什么能够像伞一样打开呢？那是因为它伞状的部位里可以放出一氧化碳，充满它的"伞"，它就能像水里的降落伞一样飘来飘去啦。当水母遇到其他动物的威胁或者遇到自然灾害的时候，为了保护自己，它会很快放掉体内的一氧化碳，迅速沉入海底，在平静的海底度过这段危险，等到确定安全后，几分钟内它又能重新给自己充满气，又可以继续游动啦，这就是水母自我保护的方式。

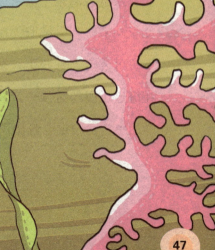

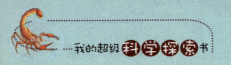

水母在海里游来游去，发现可口的食物就快速地移动过去，用它的触手紧紧裹住猎物，不停朝猎物的体内放射毒液，毒液能够分解猎物体内的蛋白质，不一会儿猎物就会死亡，然后水母就会把猎物塞进它的消化器官里，开始享受它的大餐。水母的食谱花样很多，海水里的微生物、小鱼、鱼籽都是它喜欢的食物，"不挑食"的水母很容易存活下去，不过水母太多了对鱼类可是一个不小的威胁呀！

水母看起来惹人喜爱，可是它实际上是非常危险的，它的触手上长满了"刺"细胞，刺细胞里都是毒液，如果不小心被它蜇了一下，可要疼上好些天，被它蜇的地方也会又红又肿，所以小朋友们在海边玩耍的时候一定要小心，一旦感到手、脚有刺痛或其他不舒适的感觉，一定要赶快离开，最好找医生治疗一下。

你知道吗?

水母为什么会发光

不同品种的水母能够发出不同颜色的光芒，当它们在海底游动时，那璀璨多姿的颜色别提有多好看了。我们都知道，水母的身体有98%都是水构成的，那么它们是怎么发光的呢? 研究发现，水母身体里有很小比例的蛋白质，这数量极少的蛋白质是它们发光的原因之一，水母体内的特殊蛋白质和它体内的钙离子发生反应后，它就能发出不同颜色的光啦。

你知道吗?

水母的天敌

在食物链上，每种生物都是相生相克的，小鱼的天敌是水母，那么水母的天敌是什么呢? 是海龟啊! 水母的触手是有毒的，但是海龟却能把它的触手撕下来，没有触手的水母无法在海水里自由游动，只能束手就擒成为海龟的食物了。

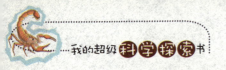

寄居在人体里的扁形动物——血吸虫

扁形动物是生物经过过程的一个阶段，与腔肠动物、线性动物、软体动物、环节动物一样，它们都是由原始单细胞动物进化而来的，都是原始无脊椎动物。扁形动物的身体特征是，它们的身体是扁平的，两边是对称分布的，它们的身体由皮肌囊包裹着，皮肌囊是皮肤肌肉囊的简称，皮肌囊的作用是保护身体，运动得更快，新陈代谢的能力也更强。绦虫、血吸虫都是扁形动物，不同的是，绦虫是雌雄同体，每个个体中雌性特征和雄性特征都很明显，血吸虫是雌雄异体。

寄居在人体静脉血管中的血吸虫主要有三种，它们是曼氏血吸虫、埃及血吸虫和日本血吸虫，曼氏血吸虫分布于非

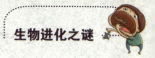

洲、南美洲等地，这种血吸虫主要寄居在人体肠系膜静脉里。埃及血吸虫病第一个病例是1851年在埃及的首都开罗发现的，在后面的调查中发现，这种血吸虫病能够引发癌症。日本血吸虫主要分布在亚洲地区，日本、菲律宾、中国都发现过这种病例。如果

感染血吸虫病后，初期症状是皮肤局部出现丘疹或荨麻疹，一到两个月后会出现发热、腹痛等急性反应症状，血吸虫病有慢性、急性和晚期三个阶段，感染血吸虫病5年左右会变成重度感染、发生病变，标志着血吸虫病已经到了晚期，这时病人的消化道就会有出血等致命症状。如果儿童、青

51

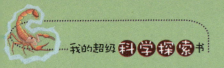

少年感染日本血吸虫病会影响身体发育，严重的还会患上侏儒症。在人体内寄居的血吸虫还能够适应人体的变化，对药物产生抵抗能力，对人体内的免疫细胞产生免疫，血吸虫病到了晚期就很难治疗了。那么血吸虫病怎么预防呢？

　　血吸虫病在我国各地都有分布，致病的原因也是多种多样的，在这种复杂的情况下，如何有效的预防血吸虫病呢？我们可以根据血吸虫寄居人、动物身上的特点，发现症状及时治疗，同时注意对家畜的健康检查，割断血吸虫传播的渠道。另外，血吸虫不能单独存活，它们必须依靠宿主，寄居在别的动物身上，吸取宿主的营养才能够活下去，预防血吸虫病可以用药物消灭河流里的钉螺，没有了这种寄居体，血吸虫也不容易到达人体啦。

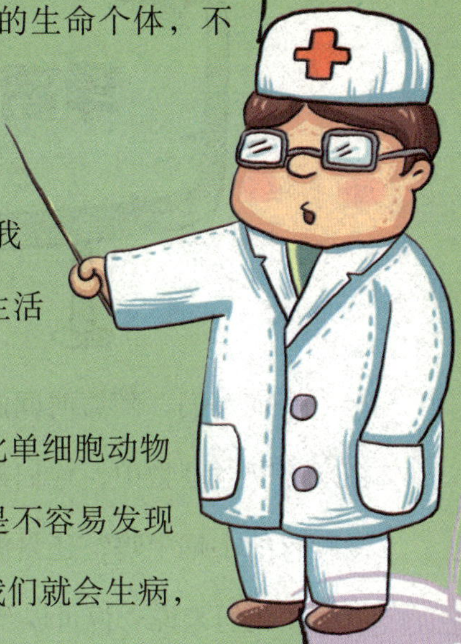

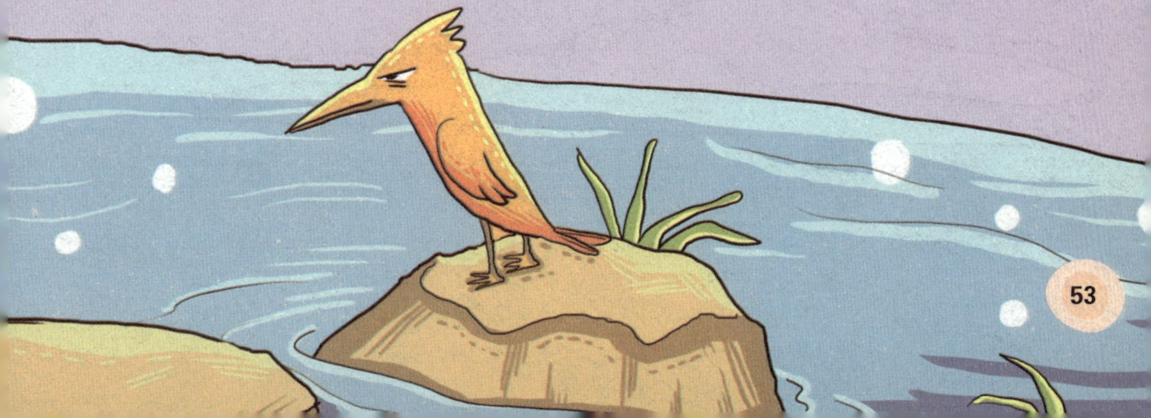

孕育珍珠的贝壳

　　小朋友们，随着时间的推移，海水里出现了软体动物的踪迹，在众多软体动物中，你们最想了解哪种生物呢？是背着重重的壳慢慢爬行的小蜗牛吗？还是海螺、章鱼、乌贼，或者漂亮的海星呢？下面，我们来说一说可以孕育珍珠的软体动物——贝壳吧。

　　去海边玩的小朋友都能在海滩上捡到贝壳吧，有红色的，也有橘黄色的，有的大，有的小，每一阵海浪过去，海水从沙滩上退去，就把美丽的贝壳留在了沙滩上。贝壳是由两个扇子形的壳组成的，上面的贝壳上的花纹像瓦片一样排列着，总共有8排呢，大自然真是神奇呀，造就了如此动人的软体动物——贝壳。

贝壳那又硬又漂亮的壳的主要成分是碳酸钙，别看它是一整块的，其实，它的壳有三层呢，最外面的一层是壳皮，壳皮一般是黑褐色的，又薄又透明，能够防止自然风雨的侵蚀和破坏，再往里面一层是壳层，又叫作棱柱层，这一层是由方解石构成的，方解石是一种碳酸钙矿物，在碳酸钙中很常见。最里面一层是底层，也叫作珍珠层，因为这一层非常光滑，像珍珠一样有光泽。在坚硬的外壳下藏着的是贝壳柔软的身体，在海里的时候贝壳经常会张开它的壳，让它的身体在海里自由舒展，可一旦遇到危险，贝壳就立刻关闭了它的壳，将自己保护起来。

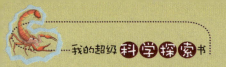

我的超级**科学探索**书

　　小朋友们知道贝壳是如何孕育珍珠的吗？其实呀，贝壳在海底的时候会把它的壳打开，沙粒、石子就会跑进它软软的肉里，粗糙的沙子磨得它很痛苦，在这个过程中，它的身体会释放出一些物质，这些物质会将折磨贝壳的那些沙粒包裹起来，形成珍珠囊，这样的包裹可能需要几年或者几十年，而后珍珠就形成了。

　　在两亿年前地球上就已经有贝壳了，珍珠作为一种珍贵的珠宝博得人们长久的喜爱，在古时候人们就喜欢用珍珠装饰自己，以显示尊贵的身份和地位。天然的贝壳产生的珍珠数量非常少，在古时候珍珠是极其尊贵的，一般都由地方进贡给皇家使用，黑龙江地区淡水贝壳出产的珍珠就是宫廷里使用的"东珠"，它们产量少，颜色为纯白色，是古时候非常珍贵

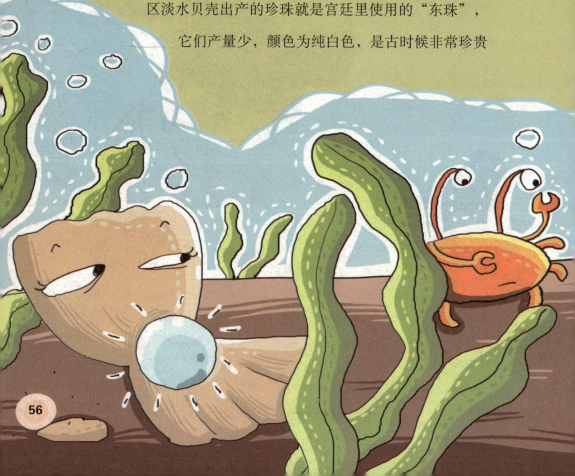

56

的饰品。后来，人们对于珍珠的需求量越来越大，大自然的供给已经不能满足人们的需求了，随着科技的进步，日本人发明了人工养殖贝壳获得珍珠的办法，他们在贝壳里注入珍珠核，贝壳里的珍珠就能在两年内长大了，目前市场上出售的珍珠都是人工养殖的贝壳孕育的。

小朋友们，当你们拿着贝壳做的风铃的时候，当你们戴着珍珠做成的饰品的时候，可要记得海水里的软体动物贝壳呀。它在斑斓的海水里，一张一合地运动着，感受着生命的美好，它孕育珍珠、繁衍后代。

松土工人蚯蚓

　　小朋友会不会好奇地问：贝壳是软体动物，那么蚯蚓是什么种类的动物呢？告诉你们吧，蚯蚓是环节动物，在生物进化的过程中总是由低级到高级发展的，环节动物就是无脊椎动物中比较高级的一种。

　　相信很多小朋友都喜欢钓鱼和钓龙虾，那么小朋友们一定就会和蚯蚓打交道了。蚯蚓可是鱼类的美味呢，所以要去钓鱼的话可少不了蚯蚓。要到哪里去找蚯蚓呢？蚯蚓在土里面，当然是要到地里

面去找了。

世界上约有2500多种蚯蚓，我国有记录的就有229种。这种陆生的环节动物的长度一般都是在60毫米到120毫米之间，而体重最大的蚯蚓达到了1.5千克。蚯蚓可是农业的小助手呀！每天，蚯蚓都会在土壤里面爬来爬去，它们钻出来的空隙让土壤变得非常疏松，耕地的农民伯伯经常在田间地头看到这种可爱的小生物，它们忙碌的翻着土，让水分和空气也能够进入到土壤中来，这就有利于农作物的生长。

除了在农业上的作用之外，养殖鱼类的话也可以用蚯蚓来做饲料，同时作为食物的话，蚯蚓体内含有丰富的蛋白质和脂肪，营养价值相当高。蚯蚓是一种杂

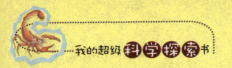

食性动物，除了玻璃、塑胶、金属、橡胶不吃之外，其他的比如腐殖质、动物粪便、细菌等等分解物蚯蚓都能吃，这就在很大程度上清理了一部分垃圾。据统计，一亿条蚯蚓一天可以吞食40吨有机废物。

蚯蚓还可以做药用。蚯蚓，中药上称它为地龙。地龙性寒味苦，有着清热、平肝、止喘和通络的作用。而且蚯蚓本身富含的蛋白质、脂肪、碳水化合物也可以补充人体所需的氨基酸、维生素和微量元素。

那么蚯蚓是如何繁衍下一代的呢？蚯蚓本身是雌雄同体，但是由于自身的性细胞并不成熟，所以仍然需要异性来进行交配，从而繁衍下一代。

小朋友们有没有发现当你把蚯蚓弄成两截的时候，蚯蚓并不会死，反而会变成两条蚯蚓。这是因为，当蚯蚓被切成了两截，它断面上的肌肉组织就会迅速收缩，形成新的细胞团。然后会在缺少头的那一个断面上长出新的头，在缺少尾巴的那个断面

上长出新的尾巴。

　　养殖蚯蚓需要什么样的条件呢？蚯蚓喜温，温度控制在15℃到25℃最佳，同时蚯蚓喜湿怕干，养殖蚯蚓要保持土壤的湿润度。同时，蚯蚓每天要食用与自己身体重量相当的食物，所以一定要保证及时给蚯蚓喂食。

　　小朋友们，可不要总是夸赞蜜蜂的勤劳呀，也要记得小蚯蚓松土的辛苦，它们是勤劳的松土工人。如果自己尝试养蚯蚓的话，一定要保证蚯蚓生活的环境良好哦！

陆地上的节肢动物
——蝎子

　　动物世界中数量、种类最多的就数节肢动物啦，全世界的动物有85%都是节肢动物呢，它们的生存环境多样，无论是在海洋里还是在陆地上都有它们的身影，无论是在都市里还是在农村都有它们的脚步。我们在生活中也经常遇到节肢动物，有餐桌上的龙虾、螃蟹，森林里织网的蜘蛛，地上爬行的蜈蚣，还有翩翩飞舞的蝴蝶、蚊子，节肢动物还被称为节足动物，因为它们的脚都是分成一节一

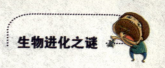

节的。

节肢动物的祖先在寒武纪的时候就已经出现并发育成型，目前的节肢动物跟寒武纪时期的动物生活习性、外貌样子都很相像。蝎子也是节肢动物，它跟蜘蛛一样都属于蛛形纲动物，蝎子容易让人记住的就是它尾巴上面那根毒刺，4.3亿年前，地球上出现了这种奇特的生物，在漫长的生物进化的过程中，它们变成了今天我们看到的这个样子：瘦长的身体，两个钳子，倒钩一样的尾巴，还有它的毒刺。蝎子的爬行速度很快，它们喜欢吃昆虫，捕捉猎物时动作迅速。

我国发现的蝎子有十几种之多，按照它们分布的不同地理位置可分为东全蝎、十足全蝎、藏蝎、沁全蝎、东亚钳蝎、山蝎等等。小朋友们有没有觉得蝎子的外形很像琵琶？它的表面都是硬皮，它

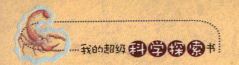

有6个侧眼、6对附肢，最前端最大的那对是专门用来捕食的。蝎子的寿命一般为5～8年，它们的一生可以完成两次交配，雌蝎子能够生出小蝎子，蝎子一生下来就长成这个样子，它们由小变大，但是大致的样貌是没有变的，不会像青蛙一样，从青蛙卵变成蝌蚪，然后才变成青蛙。

蝎子有雄性和雌性之分，它们的区别是，雌蝎腹部的前面要比雄蝎肥大一些，雌蝎表面是褐红色的，性情温顺、行动迟缓，与雌蝎不同的是，雄蝎的身体表面是比较鲜亮的青黄色，它们的脾气比较暴躁，行动比较迅速，如果你在市场上看到蝎子，不妨仔细辨别一下哪只是雄的，哪只是雌的，或者你可以数一数它们的附肢和背

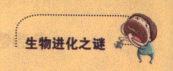

上硬皮的节。

　　蝎子还有极大的药用价值，有100多种中药药方都需要蝎子这种材料，近几年，在治疗疑难杂症方面全蝎发挥了巨大的作用，蝎子身上能够入药的部位有很多，可是最有价值的还是它的毒刺，或者说是毒刺上携带的毒。蝎子有助于治疗高血压、小儿惊风、中风、咳嗽等疾病。如今，蝎子酒、蝎子罐头等保健品、食物被很多人食用着。

　　你们知道吗？蝎子也是我国重点保护的物种呢，它们是蝗虫的天敌，每年能够捕杀大量的蝗虫等破坏农作物生长的昆虫，对农业的发展是大有好处的。中国蝎子的种类并不多，我们不能大量捕杀它们，否则陆地上的野生蝎子就有灭绝的危险啦！

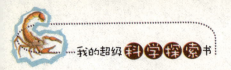

"鱼的时代" 泥盆纪

小朋友们，你们知道吗？动物世界很大，大得超乎你的想象，种类繁多的动物会让你的脑袋记不住的哦。无脊椎动物是不是就是没有脊椎的动物呢？不是的哦，无脊椎动物是指背侧没有脊柱的动物，这种无脊椎动物是动物的原始形态。目前无脊椎动物约有100余万种，分布在世界各地。

前面给大家介绍了占据动物总种类数95%的无脊椎动物，下面我们来说说有脊椎的动物吧。我们一般把脊椎动物

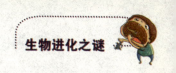

分为鸟类、哺乳类、爬行类、鱼类、两栖类。马、牛、猪、羊都是有脊椎的动物，鱼也是有脊椎的动物。

最古老的脊椎动物就是鱼类了，在距今4亿多年前的泥盆纪被称为"鱼的时代"，早在那个时候硬骨鱼开始出现，脊椎动物的进化有了质的飞跃。泥盆纪是一个承前启后的时代，自然气候环境下，地理面貌有了较大的变化，海洋变成了山谷，陆地变成了河湖，海洋生物实现了从海洋到陆地的过渡。泥盆纪可以分成早中晚三个时期，在泥盆纪早期，裸子植物、蕨类植物比较繁盛，泥盆纪中期出现了茎面光滑的原始的楔叶植物，泥盆纪晚期裸子植物濒于灭绝，种子蕨类的繁衍则占了上风。

对于之前的无脊椎动物来说，鱼类的出现是巨大的飞跃，鱼类有坚硬的下颌，有笔直的脊椎、美丽的鱼鳍。在泥盆纪之前的鱼类是没有上下颌的，身体前面是一个漏斗一样的嘴巴，

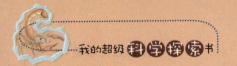

这个时候，它们不能主动捕食，只能靠微生物自己进入嘴巴里，最早的有上下颌的鱼叫作盾皮鱼，它们可以主动捕食。泥盆纪早期出现了软骨鱼类，裂口鲨是这种软骨鱼类的代表，这类鲨鱼外形很像一个纺锤，它们胸鳍很大，腹鳍很小，背上还有一根很粗的刺。

在泥盆纪时代，鱼类出现了大繁荣，原始的软骨鱼类经过三个阶段的进化，成为了如今等级更高的现代硬骨鱼类。

现代鱼的种类繁多，中国淡水资源丰富，适宜鱼类的生长，自然出产很多鱼类，我国东南地区有代表性的鱼类有斗鱼、黄鳝、卷口鱼等。长江中下游平原地区的鱼类就更多了，我们常吃的有草鱼、鲤鱼、鲫鱼、银鱼等。北部地区盛产冷水鱼，主要有八目鳗，还能够人工养殖红色鳟鱼。

鱼类大大丰富了我们的餐桌，鱼肉味道鲜美，无论是蒸煮还是煎炸都非常有营养。鱼儿浑身都是宝，鱼鳞、鱼鳔还能够入药呢！小朋友们，4亿多年前的泥盆纪时代，骨头很软的原始鱼类进化成

68

了现代鱼类，被称为"鱼的时代"，我们今天看到的鱼种很多都来自那个时代，家里鱼缸里养的小金鱼的祖先是哪种鱼呢？小朋友们可以自己查资料寻找一番哦。

你知道吗?

用肺呼吸的鱼类

鱼类中，不仅有用腮呼吸的，还有用肺呼吸的呢！泥盆纪时代出现了用肺呼吸的鱼类，这种鱼类并不是没有鳃的，当它们在水中生活的时候，它们就用腮呼吸，当干旱的季节到来，河水干枯后，它们必须生活在泥巴里的时候，它们的肺就派上了用场。

你知道吗?

会发声的鱼类

小朋友们是不是都认为鱼类是"沉默寡言"的呢？其实不是这样的，它们中的有些鱼类也会发出声音，比如电鲶就能够发出类似猫生气时的呜呜声，会发声的鱼中，最有名的要数石首鱼啦，它非常善于叫。鱼发出声音是有目的性的，大多是为了召集同伴。

最珍贵的两栖动物 ——娃娃鱼

有一种动物，它的叫声很像婴幼儿的哭声，它是两栖动物中最珍贵的，也是国家二级保护动物，小朋友们，你们知道它是什么吗？不错，它就是娃娃鱼，学名叫作大鲵。它的身长可以达到1米，是最大的两栖动物啦。

我们可以想象，由于大自然气候的变化，大自然的生存环境变得非常恶劣，陆地上的植物不断增多，为了能够得到更多的生存机会，生物开始了进化的旅程，那些能够在陆地上存活的物种幸存下来，或许它们中的大多数物种最开始只能在陆地上生活

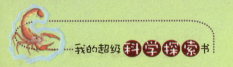

很短的时间，小朋友们可别小瞧了这短短的时间，这时间够它们繁衍后代了，这类物种中的一部分完全脱离了海洋，成为陆地上的生物，一部分可以在水中也可以在陆地上存活，这就是两栖动物，娃娃鱼就属于这一类。

娃娃鱼出生在水质清澈的山区溪流里，那里水流很快，但是泥沙量不大，娃娃鱼的头部是扁平的，四肢很短，身体表面光滑没有鳞片，别看娃娃鱼的名字很可爱，其实它们的性情很凶猛，是食肉动物，它们常常在山涧的石头堆里藏

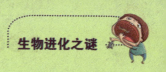

着，一旦发现路过的鱼类、虾米、青蛙、蛇就发动突然袭击，娃娃鱼的牙齿又细又密，虽然不能咀嚼，但是扁平的大嘴巴往往能把猎物一口吞下，很恐怖吧?

自然界中的娃娃鱼总数大概有9万尾，估计中国就有5万尾，中国非常重视对娃娃鱼的保护。除了新疆、内蒙古、西藏等偏远地区外，其他省市的山涧中都有娃娃鱼的身影。特别是贵州靖安县有着"中国娃娃鱼之乡"的称号，这里是中国第一个

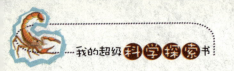

娃娃鱼自然保护区，同时，这里的娃娃鱼人工养殖技术也是全国领先的。

娃娃鱼是一种非常长寿的动物，人工养殖的情况下，它们能够存活130年呢。它们每年7～8月份将卵产在石洞里，雄性娃娃鱼会保护好卵，不让湍急的水流把它们冲走，静静地等待2～3周后，小小的娃娃鱼就孵出来了。雄性娃娃鱼并不会马上离开，它们会等到小娃娃鱼长大一点，可以自己出去寻找食物的时候才会离开。

小朋友们，娃娃鱼可是一种非常珍贵的动物呢，它被称为"活化石"，大家知道这是为什么吗？不仅仅是因为它的数量稀少，肉质美味常常遭到捕杀，更重要的是它跟早已灭绝的恐龙生活在同一时代。娃娃鱼的历史已经有3亿多年啦，怎么样，够古老吧，是不是可以被称作活着的化石呢？

你知道吗?

可以观赏的"娃娃鱼"

娃娃鱼数量稀少,又生活在山涧,一般想要买来饲养观赏还真是不容易呢,但是有一种跟娃娃鱼长得很像的动物却能够用来观赏,它就是东方蝾螈,虽然并不是真的娃娃鱼,但是因为外形相似,很多人也就乐于饲养这种动物啦,你可以买个大点的鱼缸,放上一些洗净的泥沙,再添加一些金鱼藻类在里面,然后把东方蝾螈放进去,这样你就可以偷偷观察它的活动啦,另外,记得经常带着东方蝾螈去见见阳光哦。

你知道吗?

娃娃鱼的药用价值

娃娃鱼不仅肉质鲜美,而且药用价值极高,它是一种很名贵的药材,它有着保健的作用,可以治疗贫血,让我们的气血畅通。它皮肤表面分泌的黏液还有止血的功效。全身都是宝的娃娃鱼正面临着种族灭绝的威胁,大家可要好好保护它呀,不要让它从我们身边消失。

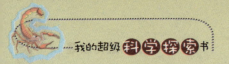

最原始的爬行动物——龟

前面我们讲到了距今4亿年前、3亿年前生物的变化，现在我们就来讲讲距今2亿年前的古代爬行动物，2亿多年前的时代，地质学上叫作中生代，古代爬行动物开始强盛，并成为地球上的统治者。在原始爬行动物出现的时候，它们就形成了三个个性鲜明的分支，分别是无孔类（它的代表物种是蜥蜴、杯龙等）、双孔类（它的代表物种是空尾蜥）、下孔类。

在2亿多年的发展中，有的爬行动物进化成跟原来非常不同的样子，有的早已经灭绝了，比如恐龙。龟是最古老的爬行动物，它们现在仍然生活在全世界各大海域里，在沙堆里繁衍着子孙后代。

　　龟既可以在水中，也可以在陆地上生活，它们的寿命很长，长达150年，有的种类能够达到300年，甚至千年之久，这就是俗话常说的"千年的王八万年的龟"。它们是食肉动物，生活在江河、湖泊等环境里，它们以捕食螺丝、鱼虾为生，它们性情温和，同类之间不会相互伤害，气温低于10℃的时候它们就会进入冬眠，夏天天气很热的时候，它们就会成群结队的在阴凉地方休息。

　　龟背部和腹部的壳在身体的侧边连接起来，龟的壳上有花纹，是一块一块的，龟的四肢都很短小，当它们遇到危险时就将头和四肢都缩进壳里，短小的四肢都能够得到保护，只要它们一躲进壳

里，大部分敌人对它们就没有办法啦。小朋友们，最原始的龟类原颚龟的头是不能缩进壳里的呢。

龟新陈代谢比较慢，寿命比较长，它们一般从4月份才开始进食，之前的时间都是在冬眠。龟的交配期比较长，繁殖期则是从5月份到10月份，当雄龟和雌龟交配后，雌龟会在沙滩上扒开一个坑，在里面产卵一次或者多次，然后用沙土盖上龟卵，等待着小龟破壳而出。

龟可以分成两大类，一是曲颈龟亚目，一类是侧颈龟亚目。曲颈龟亚目中又包含了鳄龟科、平胸龟科、潮龟科、陆龟科等；侧颈龟亚目包括蛇颈龟科和侧颈龟科。

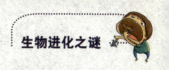

在中国长江中下游龟的数量比较多，外国只有日本和朝鲜龟的分布比较多。随着工业生产的发展，龟生长繁衍的自然环境很大程度上遭到了破坏，它们已经成为濒危动物，野生的龟已经不多见了，目前龟可以大量繁殖，人工养殖的龟可以吃的东西就更多了，除了在大自然中能够吃到的蠕虫、小鱼、虾米，它们还能吃到稻谷、小麦、豌豆这样的农作物呢，需要注意的是在喂它们吃豌豆的时候可一定要捣碎哦。

小朋友们，你们是不是养过小乌龟这种呆呆的、性情温和的小动物呢？第一次看到乌龟的时候有没有被它们的样子吓到呢？其实它们是很胆小的动物，在饲养它们的时候不要随意惊吓它们哦。

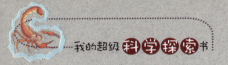

你知道吗？

可爱的"绿毛龟"

人们很喜欢绿毛龟，觉得它背上绿茸茸的很可爱，可是实际上并没有"绿毛龟"这样一种物种，它们其实是水龟或者金龟，与普通乌龟不同的是，它们的背上长着绿色的苔藓，因为苔藓太细太小，仿佛就是它们背上龟壳长出来的一样。

你知道吗？

如何计算乌龟的年龄

像数树的年轮一样，数一数乌龟背上的壳就能知道它的年龄了。乌龟背上的同心圆纹路随着它的年龄一直生长着，但是冬天它冬眠的时候就不会生长了。所以，它生长的时候龟壳上的纹路就比较宽松，当它冬眠的时候，纹路就会比较密实，让我们来数一数龟背上有多少个同心圆环，再加上它刚出生的那没有长纹路的一年，就是乌龟的真实年龄啦。这个方法是不是很简单呢？

另外一种方法是称重量的方法，因为乌龟生长比较慢，将它们放在秤盘上称一称就知道它们到底多大啦。因为乌龟背部的纹路比较细小，数起来会比较麻烦，称重量这个方法会更加容易些。

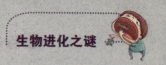

曾经的地球霸主

恐龙这个物种对人类来说充满了神秘。《侏罗纪公园》里把它形容成无比凶猛的怪兽，博物馆里的化石骨架还原给我们一个真实的恐龙。小朋友们，当你看到这个庞然大物时，你有没有感到害怕或者敬畏呢？现在，就让我们走进恐龙的故事吧。

恐龙生活在距今约2.35亿年前到6500万年前，统治地球长达1.6亿年。恐龙能够统治地球，与它的种群众多，身型庞大是分不开

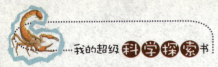

的。陆地上的恐龙有两种，一种头很小，是食草性的，另一种则有着锐利的爪牙和聪明的头脑，靠捕食肉类动物为生。霸王龙、巨兽龙就是其中的典型代表。食肉性恐龙攻击性强，体积又比一般的动物大，自然是处在陆地食物链的顶端位置了。小朋友们也许会问，恐龙统治了陆地，又怎么统治天空呢？那些飞禽们，应该是安全的吧？恐龙的神奇之处就在于此，它

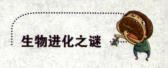

的进化过程中也衍生出了会飞行的一类。像翼龙、斑比盗龙，它们不仅有翅膀还长出了羽毛，可以在天空自在地飞翔。这些恐龙就像地上种群的侦察兵一样，帮它们保卫着领空的安全。

目前已知的最早的恐龙叫始盗龙，它生活在晚三叠世，在阿根廷被发现。而角龙类恐龙则被认为是最后一个恐龙物种，生活在距今1.35亿年前的白垩纪时代。易碎双腔龙是目前发现的体型最大的恐龙，它体长约58米～62米，重150吨。相反地，最轻的恐龙名叫近鸟，体长仅30厘米，重量仅350克。

恐龙曾经称霸地球，却最终走向了衰亡。人们不禁要问，它们为什么会落得如此下场呢？关于恐龙灭绝的原因，科学家也是众说纷纭。有一种说法认为，在恐龙生活的时代，行星撞击了地球，

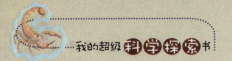

使得地球的生态环境发生了巨大的变化，尘土肆虐，到处弥散着毒气。在这种情况下，植物难以生长，动物也相继死去，恐龙也慢慢地走向了灭亡。另一种说法认为，恐龙生存的时代，地球开始了造山运动，造山运动改变了地球的原始形态，植物生长受阻，进而食草性动物大量灭绝，肉食性动物也连带走向了灭绝。

现在，人们仅能从史料和博物馆中看到有关恐龙的信息，不过，它曾经的地球霸主地位，却已经深深留在了人们的心中。小朋友们，下次去博物馆时，不妨跟其他小朋友分享一下你了解的恐龙知识吧。

最先飞上天空的始祖鸟

如今的鸟类的祖先是爬行动物，小朋友们是不是不敢相信呢？

确实，在陆地上爬行的动物居然长出了翅膀，还能够在天上自由地翱翔，像雄鹰一样冲入云霄，像燕子一样在柳树间跳动，像麻雀一样叽叽喳喳，像夜莺一样歌喉婉转。不要心急，我们来慢慢

解开生物进化的奥秘。

始祖鸟是介于鸟类和爬行动物之间的物种，它是古老的脊椎动物，像爬行动物一样生活着，身上却长有鸟类的羽毛，它生活在侏罗纪晚期，那是1.5亿年前的事情了，那时候欧洲还不在现在的位置上，而只是赤道附近的一个小岛呢，小朋友们现在可以想象几亿年来地壳经历了怎样翻天覆地的变化吗？海洋变成了高山，平地变成了丘陵，真是沧海桑田的巨变呀。

始祖鸟的体型并不巨大，长大的始祖鸟可以达到0.5米长，它像鸟类又不那么像鸟类，说它像鸟类是因为它长着鸟类才有的羽毛，而一般的爬行动物是没有

翼上的指

颌骨上的齿

尾

足上的趾

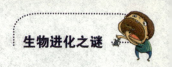

羽毛的，说它不像鸟类是因为它身上有着明显的兽脚亚目恐龙的特点，比如它有着细小的牙齿，有着跟恐龙非常相像的脚趾。不要觉得它的长相很奇怪哟，正因为它是爬行动物向鸟类过渡的始祖，它才会具备了两个物种的特征。始祖鸟是第一个飞上天空的呢，虽然那时候的它只能做一小段距离的飞行，但那已经是生物进化史上非常大的飞跃啦。

始祖鸟的翅膀较宽大，尾巴的羽毛也非常阔，这种身体结构使得它的升降力得到了提升，综合它的身体构造，我们发现它已经具备了飞行所需要的平衡感、空间感和对身体的调控能力，换句话来说，它有着飞翔的条件。

19世纪的时候，我们发现了一根距今1.45亿年的羽毛化石，没错，这根羽毛就是始祖

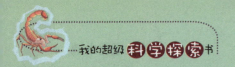

鸟的羽毛，后来又陆陆续续发现了十个始

祖鸟的化石，最后一个始祖鸟

化石标本清晰地展现了它的骨

骼、前面的翅膀和尾巴上的羽毛，可是从形态上

来看，始祖鸟跟恐爪龙非常相像，这就成为鸟类起源于恐龙这一观

点的强有力证据。

有科学家根据始祖鸟的羽毛把它归类到虚骨龙这个物种里，肉

眼看始祖鸟化石上的羽毛跟我们用显微镜看得到的结果是不同的，

肉眼看的时候，只能看到细细的类似"毛发"的东西，显微镜下观

看的时候，才能发现那细细的"毛发"周围还有许多复杂的结构，

这钩状相连的物体正是鸟类才有的特性呀。

无疑，始祖鸟是鸟类的祖先，它从爬行动物进化而来，脚趾还

是像恐龙那种有勾的三爪脚趾，如今这个物种已经不存

在了，我们只能通过那10块不同形状的化石来推

断它们当初的模样，可是这样一点也不

影响它在我们心目中的位置，

是的，我们尊敬这个最

先飞上天空的

"鸟类"。

你知道吗?

始祖鸟名字的由来

　　始祖鸟的名字是希腊文,意思是"古代羽毛",我们又称它为古翼鸟。从名字上就能看出它生活的年代距离我们已经很久远啦,在空中生存的物种要留下化石给我们是非常困难的,因为远古的鸟类骨骼纤细,很容易被肢解,直到无迹可寻。可是我们是如此幸运,居然能够得到10块始祖鸟化石。

　　始祖这个名字对于它来说再合适不过了,它是当之无愧的鸟类的老祖先。

你知道吗?

什么是化石

　　我们一直在说始祖鸟的化石,化石是地球历史的书页,为我们保存了亿万年前的历史,记录了当时的物种,无疑是我们可以想象历史的工具。

　　化石是古生物留在岩石里的,动、植物的骨骸、贝壳等都是比较常见的化石,化石可以告诉我们丰富的信息,比如生物个体的外观、它生活的年代、它的生活习性等等。

　　在遥远的过去,生物的肌肉被腐蚀掉,只留下它们的骨骼或者硬壳的形状,周围的矿物质、沉积物渗透到它们的遗迹里,沉积物包裹着它们的外壳、枝叶,直到它们跟石头成为一体,化石就形成了。

鸟类的祖先——中华龙鸟

小朋友们，你们养过小鸟吗？看着树林里叽叽喳喳飞舞着的小鸟，肯定觉得很喜欢吧？的确啊，鸟儿既不像狮子一样凶猛，也不像蝗虫一样

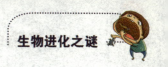

祸害庄稼，每天只是开开心心地飞来飞去，实在让人很喜欢呢。不过，鸟类的祖先是什么呢？

关于鸟类的起源，经历了一个由假象到验证的阶段。1868年，作为达尔文进化论坚定支持者的赫胥黎，首先提出了鸟类起源于恐龙的假设。 1927年，丹麦生物学家海尔曼指出，鸟和恐龙虽然很相似，进化的道路却并不相同。鸟类不是起源于恐龙，而是和恐龙有共同的祖先槽齿类。槽齿类是比恐龙更原始的一种生物，被

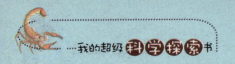

认为是恐龙、鳄鱼等脊椎动物的起源。他的学说得到了很多人的认可，盛行了近半个世纪。到了1973年，恐龙起源说再次盛行起来，人们也开始找到一些能够证明这一理论的证据。而1996年在我国发现的中华龙鸟化石，被认为是鸟类起源于恐龙的最有力最重要证据。中华龙鸟也因此被认为是鸟类最早的祖先。

北极燕鸥是鸟类中的飞行健将。它体形中等，习惯在白昼生活，也被称为"白昼鸟"。每当南极黑夜降临的时候，这种鸟便

飞向遥远的北极，度过半年的白昼时光。它们在6月的北极繁殖并养育子女，8月北极的极昼将结束时它们便会举家南迁。跨越整个地球表面，向即将步入极昼的南极奔去。它们在12月到达，一直待到翌年的3月便再次北飞。它每年往返于两极之间，总是生活在太阳不落山的地方，因此又被叫作追逐太阳的鸟。

鸟类和人一样也要睡觉，人类甚至可以催促鸟类睡觉。如果把鸟关在一个鸟笼里，给鸟笼盖上布，使鸟笼里的世界完全变暗，鸟儿便会很快入睡。鸟儿似乎是被催眠了一样，听从了人类的安排。有的鸟睡觉时一只脚是站着的，还有的鸟睡觉时并不按照黑夜白天的交替，而是按照潮汐的变化。小朋友们，是不是很神奇呢？

虽然小鸟很可爱，但我们还是应该让它们在大自然中生存。我们不仅不能去捕鸟，还应该制止那些捕鸟食鸟肉的行为。小朋友们，你们说对吗？

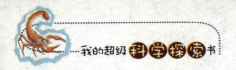

"中华龙鸟"

1996年，科学家在中国辽西热河生物群中发现了"中华龙鸟"的化石。"中华龙鸟"生存在距今约1.4亿年前的白垩世，长约68厘米，前肢短小而爪钩锋利，后肢长而骨骼丰满。起初人们认为"中华龙鸟"是一种原始鸟类，后来才发现它实际上是一种小型食肉恐龙。科学家认为，"中华龙鸟"虽然不会飞行，却是鸟类的鼻祖。这一发现开启了鸟类起源和演化研究的新阶段。在此之前，始祖鸟被认为是鸟类的祖先。

你知道吗?

鸟类之最

鸟类中的长寿者很多，例如信天翁的平均寿命有50～60岁。而英国有一只名叫"詹米"的鹦鹉，活了104岁，是鸟类中的"老寿星"。生活在非洲和阿拉伯地区的非洲鸵鸟是世界上体形最大的鸟。它们身高2米～3米，重56千克。它们的卵重1.5千克，长约17厘米，约等于40个鸡蛋的重量，是鸟卵中的王者。天堂大丽鹃拥有世界上最长的羽毛，它们的羽毛是身体长度的二倍多。

94

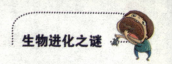

奇特的鸭嘴兽

鸭嘴兽跟鸭子可是有着很大的不同呢，它是最古老最原始的哺乳动物，人类也是哺乳动物，像牛呀、马呀也都是哺乳动物。鸭嘴兽能够下蛋，新生的鸭嘴兽会吃母亲的乳汁长大。本章要说的就是处于爬行纲动物和哺乳纲动物之间的鸭嘴兽，它是哺乳动物由爬行动物进化而来的铁证。

很多人没有见过鸭嘴兽的样子，因为它生活在澳大利亚，既然它的名字里有"鸭嘴"两个字，我们会联想到它长着鸭子一样扁

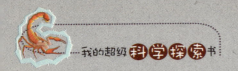

扁的嘴巴，确实是这样的。鸭嘴兽出现于距今2500万年前，作为最原始的哺乳动物，它能够称得上是"活化石"啦。长大后的鸭嘴兽有40厘米～50厘米那么长，就只比猫大了一点点哦。它们的寿命有10～15年，它的身体表面长着长长的毛，鸭嘴兽的四肢很短小，却有长着钩爪的五个脚趾，脚趾之间还有脚蹼相连，看到这里，小朋友们就能猜想到鸭嘴兽是个游泳能手了吧。

鸭嘴兽既能够生活在水里也能够生活在陆地上，它是两栖动物，不过大部分的时间它是生活

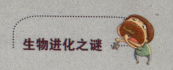

在水里面的。它是个标准的"夜猫子"，白天睡觉，晚上才出来捕食、活动。别看它个头不大，吃的可不少呢，它最喜欢吃一些水中的小生物，比如虾米、蠕虫之类的，鸭嘴兽是没有牙齿的，当它捕猎成功后，就立即浮出水面，用鸭子般的嘴上下夹击将食物吞进肚子里。

这样的小家伙如何保护自己呢？鸭嘴兽保护自己的方法非常特殊，它用毒液保护自己。雄性鸭嘴兽膝盖背面有一根空心的刺，里面存放着毒液，当遇到危险时它们会把毒液喷向敌人，毒液用完后，要想在刺里再次蓄满毒液要费上好几个月的工夫呢。

鸭嘴兽繁衍后代的时间是春季，它们用母乳喂养子女，但是鸭

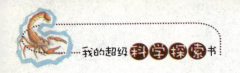

嘴兽不是胎生物种，而是卵生的。生育后代前，鸭嘴兽会在岸边挖一个20多米长的洞，作为它生产的地方。鸭嘴兽生出来的蛋最开始比较软，10天之后小鸭嘴兽就会出生，用母乳喂养4个月左右它就长大了。雌鸭嘴兽是没有乳头的，那么小鸭嘴兽如何吃奶呢？雌鸭嘴兽的腹部到了哺乳期就会分泌乳汁，小鸭嘴兽舔舐就可以啦。

小朋友们，这个2500万年前出现的奇怪小家伙如今还存在着呢，英国人第一次在澳大利亚见到鸭嘴兽的时候，还真是大吃一惊，他们想象不到，世界上居然还有长得如此奇特的动物。如果你们去澳大利亚就能看到它了，如今它们数量稀少，一般都是由职业饲养员来养大的，这样珍宝一样的动物是不是很可爱呢？

你知道吗?

"卵生哺乳类动物"鸭嘴兽

在生物学上,哺乳动物都是胎生的,只有兽类才是卵生的呢。可是偏巧鸭嘴兽就是这样奇特的动物,为了给鸭嘴兽归类,生物科学家们可没少争论,最后把它定位到"卵生哺乳类动物"这个名字上。

大家可别觉得奇怪,世界之大无奇不有,等你们见到鸭嘴兽的那一天,可千万别太惊讶哦。

你知道吗?

奥运会的吉祥物——鸭嘴兽

2000年悉尼奥运会的时候,鸭嘴兽就是吉祥物之一。在澳大利亚当地,最为人们熟知的动物不是鸭嘴兽,而是考拉和袋鼠。与鸭嘴兽同时成为悉尼奥运吉祥物的还有笑翠鸟和针鼹,它们分别代表了空气、土地和水。

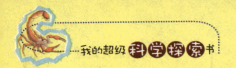

破茧而出的霸王蝶

许多小孩子都喜欢五颜六色、翩翩起舞的蝴蝶。那么，小朋友们知不知道霸王蝶呢？

霸王蝶其实不是蝶，而是蛾类，学名叫"乌桕大蚕蛾"，也称"蛇头蛾"。由于体型巨大，色彩绚丽，隐隐透出一种与生俱来的霸气，深受沿海和港台地区

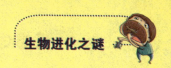

市民的喜爱，通常都叫它霸王蝶。蝶与蛾的根本区别在于，蝶类触角呈棍型，身形细长；而蛾类触角呈羽型，身形粗大。

与一般大蚕蛾相同，霸王蝶的触角像羽毛；身体呈三角形，多是栗色，还有很细小的毛；翅膀是红褐色的，鲜黄的前翅向外明显突伸，像蛇头，上面还有一个黑色的圆斑，像蛇眼，用来恐吓天敌，因此又叫"蛇头蛾"。

霸王蝶是世界上最大的蛾类，双翅展开可达180毫米~210毫米，比大人的手掌都要大。这种蛾类十分珍贵，数量稀少，属于珍稀物种，价格比较昂贵，每只霸王蝶大约价值六七十元，是普通蝴蝶的十几倍。

霸王蝶主要生活在江西、福建等地，成虫在四五月及

七八月间出现，以蛹在附着于寄主上的茧中过冬，成虫产卵于主干、枝条或叶片上，有时成堆，排列规则。

霸王蝶从胚胎时期到幼虫期，再到蛹期和成虫期需要经历很长的4个过程。霸王蝶一般不会经常飞行，为了方便传播荷尔蒙，雌性霸王蝶在破蛹后也不会飞得太远，它们只会在附近观察空气的流动方向，寻找一个满意的栖身之所。雄性霸王蝶的羽状触须，能够很敏锐地接收到雌性霸王蝶所释放出的强烈的性荷尔蒙。

交配后的雌性霸王蝶，会把所产的卵藏于树叶的阴暗面待其孕育。约两周后，绿色的小毛虫出生，以附近的叶子为食。幼虫长到12厘米长的时候，便开始在枯叶间结蛹，霸王蝶的蛹包在树叶里，有鸡

蛋大小，连成一串挂在树枝
上。成虫约于四周后破蛹而出。
成虫后的霸王蝶口部器官
会脱落，不能再进食，只
能依靠幼虫时代吸取在体内的剩余
脂肪来维持生命，大概一至两个星
期后便会死去。

　　体态硕大的霸王
蝶，破茧而出时比其他蝴
蝶都要痛苦，曾有人帮它剪开

蛹茧，可适得其反，出生的蝴蝶不会飞翔。原来，只有经历痛苦地挣扎与压迫，它的翅膀才会充盈血液，才会飞翔。人也是这样，不经历痛苦，就不会长大，就不会坚强！就会缺少面对一切苦难的勇气！

　　蛹到蝶的蜕变过程，是一次死亡，更是一次重生。化蝶的过程，是痛苦的过程。破茧成蝶，展翅高飞，寻找一种生命的寄托，恰似凤凰浴火后的重生，那是一种生命的姿态，令人钦佩，叫人敬仰。冰心曾说，成功的花儿，人们往往只看到她盛开的美丽，却有谁了解那浴血的奋斗呢？任何人、任何事，想要迎来新生，必定要与各种艰难险阻斗争到底，坚持到底，像一只破茧而出的霸王蝶，尽情地用美丽的姿态去重新认识世界。

不会飞翔的鸵鸟

　　小时候偶然在电视中看到鸵鸟，就缠着爸爸问为什么鸵鸟不会飞呢？既然不会飞，那它要翅膀做什么呢？为什么又要叫它鸵鸟呢？它长得那么像院子里的公鹅，干脆直接叫它鸵鹅好了。记得当时全家人都看着我，哭笑不得，妈妈连忙往我嘴里塞了一根香蕉，让我专心吃东西。后来，上了中学，学了生物，才明白原因。

　　鸵鸟，广泛地分布在南美洲和非洲撒哈拉以南的开阔沙漠草原和荒漠中。非洲鸵鸟是现今世界上最大的鸟。最大的雄鸟高达2.74

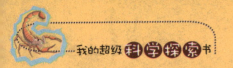

米，长2米，体重150千克。鸵鸟的样子十分逗人，蛇一般细长的脖子上支撑着一张三角形的扁嘴和两只蛤蟆眼，粗短的躯干却长着一对不相称的翅膀，只有那又粗又壮的双腿给人以强健有力的感觉，短直的嘴巴，像鸭嘴一样的扁圆；眼睛很大，视力很好，两只翅膀很大，但是不能飞翔。

鸵鸟主要吃草、叶、花、种子、嫩枝以及多汁的植物，也吃蜥、蛇、幼鸟以及一些昆虫，属于杂食动物。荒漠里没有树木，视野开阔，它们不需要飞到高空向下寻找食物，却需要在荒漠上迅速奔跑去追捕小动物。经过长期的进化，它们的翅膀退化了，只有柔软的羽毛，没有能飞行的硬羽毛了。但它们的脚发展成一双粗壮的长脚，脚上有两个粗的前脚趾，脚底还有厚皮。这样，它们在荒漠上不怕烫，也不会陷进沙里去，奔跑起来特别快。

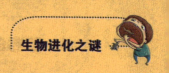

　　鸟儿能够飞行，必须具备两大因素：一是有羽毛和翅膀，二是体重轻。鸵鸟虽也有用羽毛"武装"起来的流线型的身形，也有翅膀，但它飞不起来。主要是因为它的胸骨扁平，没有龙骨突起，锁骨退化，全身的羽毛太柔软，胸部肌肉也不发达，尾巴较小又不灵活，并且它体型庞大，躯体沉重，体重有100多千克，身高达两米多，要把这么沉的身体升到空中，确实是一件难事，因此鸵鸟的庞大身躯是阻碍它飞翔的一个重要原因。

　　鸵鸟虽然不会飞，但是它很擅长奔跑，奔跑起来挥动双翅，时速可达40公里，鸵鸟用强有力的双腿逃避敌人，只有两个脚指头，几乎要和马蹄一样快速了，受惊时速度每小时可达65公里。

　　我们经常可以听见这样的嘲弄：怎么跟个鸵鸟似的？干吗要遮遮掩掩、躲躲闪闪的？其实我们可是大大冤枉鸵鸟啦！鸵鸟

在发现敌人后，如果来不及逃跑，就干脆将脖子平贴在地面，身体蜷曲一团，用自己暗褐色的羽毛伪装成石头或灌木丛，加上薄雾的掩护，就很难被敌人发现啦。另外，鸵鸟将头和脖子贴近地面，还有两个作用，一是可听到远处的声音，有利于及早避开危险；二是可以放松颈部的肌肉，更好地消除疲劳。看来，鸵鸟其实是很聪明的呢！

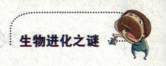

猴子的尾巴有什么用

小学语文课本中有一篇很有趣的文章《小壁虎借尾巴》，小朋友们知道了小鱼的尾巴用来拨水；老牛、马、猪的尾巴用来赶蝇子；燕子的尾巴可以掌握方向；松鼠的尾巴不仅可以当"棉被"，还可以当作降落伞来减缓坠落速度；啄木鸟、袋鼠的尾巴起支撑作用；老虎、豹子的尾巴用来做搏斗的武器；还有小壁虎的尾巴遇到敌人攻击，可以自己断掉，然后再生，感觉真奇妙！尾巴对于小动物们来说是不可缺少的，可以起到平衡、防卫、支撑、保暖、警示、逃生、捕食、攻击等作用。那

109

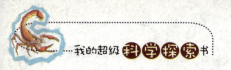

么小朋友们知不知道猴子的尾巴有什么用呢？

小朋友经常会问自己的爸爸妈妈：为什么猴子长尾巴，而我们人却没有尾巴？我们都知道，人和猴子有共同的祖先，都是从原始的灵长类进化而来的。原始的灵长类是一类像现代松鼠那么大的哺乳动物，经过长期进化成为猿猴，其中猿类的一支进化成人类，后来人类可以直立行走，就不再需要尾巴，所以尾巴就逐渐退化了。猴子离不开尾巴，所以至今仍然保留着。

尾巴就像猴子的"第五只手"，是猴子生存过程中不可缺少的。猴子的尾巴主要有两个功能：一是在跳跃爬树中能保持平衡的功能；二是在树上用尾巴攀住树枝的功能，替代手的功能。猴子的尾巴可以帮助它在树上跳来跳去和挂在树上，顽皮的小猴子一定很得意自己拥有这样完美的"荡秋千"本领吧！猴子有时还用尾巴来攫取食物，特别在干旱少雨的时候只有树洞中有少量的水，聪明的

猴子就将尾巴伸进洞内蘸水喝。

狐猴的尾巴很长，能拾取东西，就像大象的鼻子那样灵活，还能起平衡作用，使它能灵活地从一棵树跳到另一棵树，它把尾巴钩在树丫上，倒挂身体，即使酣睡，也不会掉下来。卷尾猴的尾巴长而有力，借助尾巴的

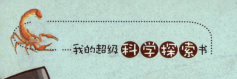

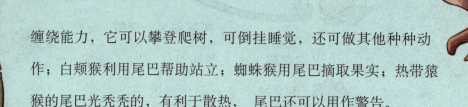

缠绕能力，它可以攀登爬树，可倒挂睡觉，还可做其他种种动作；白颊猴利用尾巴帮助站立；蜘蛛猴用尾巴摘取果实；热带猿猴的尾巴光秃秃的，有利于散热，尾巴还可以用作警告。

在南美洲有一种非常活泼可爱的猴子，叫蜘蛛猴，号称五肢动物，除了手和脚这四肢以外，有一根卷曲的尾巴，也是它的"第五只手"。蜘蛛猴不仅身体瘦小，四肢细长，头部圆小，而且尾巴特别细长，尾巴尖上有裸皮，就像指纹一样。它的尾巴长达80厘米，超过身长10多厘米。这根尾巴既有平衡身体的作用，又有抓曳食物、悬吊躯体的功能。

蜘蛛猴的尾巴非常敏感，缠绕抓曳能力特别强，它不仅能协助攀缘，而且能紧紧地缠绕在树枝上，像挂灯笼似的把身体悬吊空

中。在休息的时候，它也常常倒挂着睡

觉，即使睡熟了，尾巴也不会脱落。蜘

蛛猴的尾巴可以像手一样灵活地采摘和抓曳

食物，甚至能够捡起花生一样大小的东西。其动

作之熟练、抓曳之灵巧，在悬猴科中堪称冠军。因此，人们把蜘蛛

猴的尾巴叫作它的"第五只手"。

　　蜘蛛猴的"第五只手"还有一种神奇的功能。尾巴里除了一般

的血管以外，还有一条直接连结动脉管的中静脉。在天气炎热时，

尾巴就成了一个散热器，就像狗利用舌头散热一样。当天气转凉，动脉血可以不通过小血管直接回到体内，蜘蛛猴是靠它的尾巴来调节体温的。

马儿的进化

　　如今大草原上奔腾的骏马膘肥体壮，要知道并不是所有的马都是一个模样的，古时有个叫伯乐的相马师，能够在几百匹普通的马中找到真正的千里马。那么原始的马长什么样？

　　马的祖先是原蹄兽，原蹄兽的体格矮小，只有1.5米长，完全不能跟今天的马相提并论。原蹄兽的体型之所以是这样，主要是因为当时的气候环境造

成的。马的进化经历
了三个阶段，分别是
渐新马、中新马和上
新马。最先出现在地
球上的始祖马，生存
于5000万年前的始新
世，那时候地球上气
候温暖、潮湿，高大

的树木、丛林很适合它们生长。始祖马的身
体长度只有40厘米左右，相当于狐狸那
么大小，很难想象它会长成今天比成人
还高的样子，始祖马的前足有四
个脚趾着地，后足却只有三个
脚趾着地。

　　到了渐新马出现的时候，它们
的体格已经变大了一些，有一只羊羔那么
大了，在大约1000万年的进化过程中，它们长大
了两三倍，这个时候它们前后足着地的脚趾已经统一了，
都是三个足趾着地，而且脚趾中的中趾明显变大了，这就为后来
它们的脚趾变成蹄子打下了基础。到了中新马的时代，或者可以
把它们称作草原古马，它们的四肢更长了，三个足趾里只有中间的

脚趾着地，其他两个脚趾变成了侧边的脚趾。再过1000万年，到了上新马时代，它们的体型已经跟现代的马没有什么差别了。

马最先出现在北美洲的森林里，后来扩散到全球。我们今天使用的马是经过驯化过的野马。中国是较早驯化马的国家，相比人类对狗和牛的驯化，马的驯化要晚一些。在6000年前，野马已经开始被我们驯化，被饲养在马厩里。

小朋友们知道马为什么会经常抽动鼻子，使劲的呼吸吗？这是因为马认识这个世界主要依靠它的鼻子，它的嗅觉非常灵敏，能够通过气味辨别接近它的人是不是主人，通过食物的气味来辨别是不是自己喜

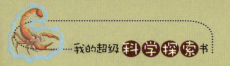
欢吃的。因为味觉不敏感，所以马是一种不怎么挑食的动物，胡萝卜、青草、黄豆它们都吃。

　　马的种类有很多，比如我国最古老的马种蒙古马、在新疆大量出产的哈萨克马、历史上成为贡马的河曲马、体型较小产于四川等地的西南马、由俄国人带来的血统复杂的三河马、产于甘肃养马场的山丹马。我国北方盛产名马，马的种类自然很多，再者，中国古代很多朝代的开创者都是在马背上征战的民族，比如元代、清代，人们对马的感情是非常深厚的。外国也有不少马的种类，比如上面提到的俄罗斯的马，还有英国的纯种马祖先柏布马，柏布马体格健壮，耐力也非常好，敏捷活泼，可以作为在沙漠中使用的轻型马。

马儿怎么睡觉的

马儿是一种很勤劳的动物，它非常敏感，所以在它睡觉的时候如果你接近它很容易就会把它吵醒啦。有人常常看到马儿站着睡觉，就以为马儿只有站着才能睡着，其实不是这样的，马儿不仅可以站着睡，还能够躺着睡、卧着睡。它们白天晚上都能够睡觉，不过一天也只睡6个小时左右，天快亮的时候其实是马睡得最香的时候，小朋友们，知道马儿是怎么睡觉了吧!

老马识途

马儿对道路的记忆力非常好，这并不是因为马的脑袋特别好使，或者对道路两边的风景记忆很深刻，它们之所以能够找到路，主要是因为它们非同一般的嗅觉。

119

小蝌蚪变青蛙

说到青蛙，我想小朋友首先会想起它圆圆的大眼睛和青绿色的皮肤。很多人都知道青蛙是由小蝌蚪变成的，却不太了解这是一个

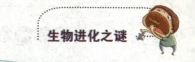

怎样的过程。现在，就让我们一起来看看小蝌蚪是如何变成青蛙的吧。

　　青蛙首先将卵产在水里，这些卵长约两三毫米。卵宝宝被包裹在圆圆的卵膜里，等待着被孵化。卵膜就像一个巨大的温室，保护着这些"新生儿"。卵宝宝聚集在一起，生长顺序却有先有后。一段时间以后，卵宝宝长出了尾巴，并慢慢变成了小蝌蚪。它们在水里自由自在地游动着。小蝌蚪们脱离了母体，开始自己猎食。孑孓和腐烂的植物根叶是它们的主食，小蝌蚪们自食其力，快快乐乐地生长着。半个月以后，小蝌蚪们长出了后腿，它们在水里游动时更加有力了。

妈妈 我长得怎么不像你

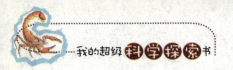

接着，小蝌蚪们开始经历成长过程中最困难的转变。在此之前，它们和鱼一样用"鳃"呼吸，而现在，它们的鳃开始退化并慢慢长出前肢。四肢的出现标志着它们即将离开水域走向陆地，而它们也必须慢慢适应用"肺"来呼吸。小蝌蚪们很聪明，时不时地就浮上水面吸一口陆地上的空气，先和陆地培养下感情。时间一天天过去，小蝌蚪们的身体还在不断发生变化，嘴巴、胃肠都在一步步向青蛙过渡。这时候，小蝌蚪们的尾巴开始分解，产生出一些能量，这些能量连同它们体内存有的能量一起，维持着它们的生存。然后，小蝌蚪们的尾巴消失了，它们对陆地的渴望突然变得强烈。它们最后一次回想了一下在水里的快乐时光，便头也不回地

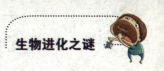

奔上了岸，开始了崭新的生活。它们不再是小小的蝌蚪，而有了一个新的名字——青蛙。

从青蛙卵到小蝌蚪再到青蛙的变化过程中，我们非常清楚地看到了生物进化的历程，那就是由低级到高级、由简单到复杂的进化。

小蝌蚪一跃上岸变成了青蛙，它们活跃在田间，成了公认的除害能手。它们很繁忙，田间的害虫让它们一刻不清闲。

小朋友们，一定要友好地对待青蛙哟，因为它们是我们的朋友，它们帮助我们除掉害虫，夏天经常会听到田间"呱呱呱"的叫声和"扑通"的落水声，那是青蛙在向我们打招呼呢！

你知道吗?

捕虫能手青蛙

青蛙很爱吃小昆虫,也是捕虫的好手。它常常趴在一个小土坑里,后腿跪地,前腿支撑,肚子一鼓一鼓地蠕动着,好像在咀嚼着什么。它是个保守派,通常会等待昆虫主动上钩。它也擅长打闪电战,当蚊子飞过来时,它会猛地向上一跃,伸出舌头一卷,然后再回到原地。这时候,蚊子已经成为了它的腹中餐。

你知道吗?

温水煮青蛙

温水煮青蛙这个词来自于一个"水煮青蛙"的实验。当科学家把青蛙放到煮沸的开水中时,青蛙会因为受不了高温的刺激而奋力从水中跳出逃生。而当把青蛙放入装有冷水的容器中再慢慢加热时,青蛙却因为起先的悠然自得而失去了反抗的能力。这个现象告诉人们不能失去斗志,不能贪图安逸享受。